U0178574

只能小声聊的爆笑人类生活史

朱新娜 — 著 × 艾禹 — 绘

天津出版传媒集团
新蕾出版社

图书在版编目(CIP)数据

啊呜一口全吃掉 / 朱新娜著 ; 艾禹绘 . -- 天津 :
新蕾出版社 , 2022.3
（爆笑人类生活史）
ISBN 978-7-5307-7155-6

Ⅰ . ①啊… Ⅱ . ①朱… ②艾… Ⅲ . ①食品-儿童读
物 Ⅳ . ① TS2-49

中国版本图书馆 CIP 数据核字 (2021) 第 179704 号

书　　名：啊呜一口全吃掉　AWU YI KOU QUAN CHI DIAO
出版发行：天津出版传媒集团
　　　　　新蕾出版社
http://www.newbuds.com.cn
地　　址：天津市和平区西康路35号（300051）
出 版 人：马玉秀
电　　话：总编办（022）23332422
　　　　　发行部（022）23332679　23332362
传　　真：（022）23332422
经　　销：全国新华书店
印　　刷：天津新华印务有限公司
开　　本：787mm × 1092mm　1/24
字　　数：47千字
印　　张：$5\frac{1}{3}$
版　　次：2022年3月第1版　2022年3月第1次印刷
定　　价：25.00元

科学的事，咱可以大声聊

史　军

在大人的世界里，有很多聊天儿的禁忌。比如说：不能谈论疾病和死亡等不吉利的事情，不能谈论屎尿这样不卫生的事情，不能谈论打嗝儿放屁这些让人尴尬的事情。大人认为，谈论这些事情一点儿都不文明，一点儿都不礼貌，会让聊天儿的气氛冷到冰点。

人类的祖先可没少干让人尴尬的不礼貌的事情。

英国女王曾经以黑乎乎的蛀牙为美，那是在炫耀吃糖多的优越感；古罗马人在如厕之后，用一块海绵来擦屁屁，而且这块海绵是公用的；理发师会把盛放病人血液的小碗摆在窗口，作为招揽生意的广告……“爆笑人类生活史”系列桥梁书就是让大家在愉快阅读的同时，重新认识各种尴尬的人类生活趣事。

这每一件在今天看来都很傻的事，在当年都是充满智慧的行为。

在人类胎儿发育的过程中，不同生长阶段分别展现了鱼类、两栖动物、爬行动物的特征，这种现象叫生物重演律。其实，人类行为的后天塑造过程何尝不是如此。每个人在成长过程中都要学习不同的礼仪和规范，直到逐渐成为遵守规则的社会人。

生活中，很多行为都是被强制学习的，比如吃饭不能吧嗒嘴，一定要刷牙漱口，勤剪指甲勤洗澡……一点儿都不友好。

误会、恐惧和烦恼，大多来自对事情真相的误读和曲解。

来翻翻“爆笑人类生活史”。

了解历史，是为了展望未来。

了解他人，是为了理解自己。

了解个性，是为了让彼此更好地相处。

不要觉得尴尬，不要觉得难为情，让我们在阅读中完成自己的成长，也带爸爸妈妈一起回忆逐渐模糊的童年趣事。

科学的事，本来就很自然；科学的事，本来就很可爱。敞开心扉，打开思维，咱们可以大声聊！

目录

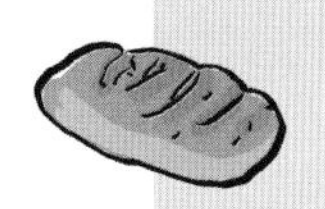

零食吃不够

餐桌上的食材了不起

叮叮当当吃大餐

零食吃不够

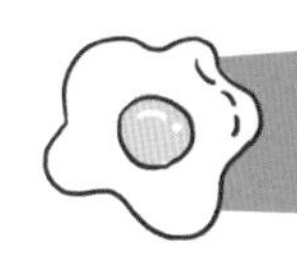

想要吃点儿糖，好难！

啊，好甜！

棒棒糖怎么可以这么好吃？！

冰激凌怎么可以这么好吃？！

甜甜的蛋糕怎么可以这么好吃？！

为什么这些好吃的东西并不能天天吃呢？相信这个问题一定令正在读故事的小朋友很困扰。这些甜甜的美味，之所以不能天天吃，是因为它们里边有很多糖。糖吃多了，不仅对我们的牙齿不好，还容易让我们长胖，甚至引发一些疾病。

但是，糖的美味，无论是小孩儿，还是大人，很少有人能够拒绝，就连高高在上的英国女王伊丽莎白一世也不例外，因此女王才有了黑黢黢的蛀牙！

更不可思议的是，那时候的人们竟然认为，拥有一口蛀牙是值得骄傲的事情。这简直太可笑了，为什么会有这么奇怪的审美观呢？

原来，在那时候，糖是十分稀有的奢侈品，只有贵族和富人才能享用。如果一个人微笑的时候能露出几颗蛀牙，则代表他非富即贵。于是，很多人会想办法把自己的牙齿涂黑，假装自己很有钱。

不单是伊丽莎白一世生活的年代，在其之前的很长一段时间内，“甜蜜梦想”都是很奢侈的。

在人类会自己生产糖之前，只有果子、甘蔗、蜂

一位满口蛀牙的女王

蜜等天然食物能够满足人们吃甜食的愿望。人们宁愿冒着被蜇的风险，也要从峭壁、洞穴和树梢上收集蜂蜜。早在5 000多年前，聪明的古埃及人开始尝试家养蜜蜂，但是，蜂蜜的产量十分有限。一个蜂群辛劳一年产出的蜂蜜，也就只有一大桶而已。

这根本不够吃呀！

于是，人们开始想办法自己制糖。例如，我们中国人发明了一种制糖方法，就是将发芽的麦类加入煮熟的大米饭或者小米饭里，经过发酵、熬煮，最终得到黄色的饴糖。你看，仅用身边平常的粮食就能制造出甜蜜的滋味。

大约2 500年前，印度人用甘蔗制造出了世界上最早的蔗砂糖。以印度为起点，这种生产技术向东传播到我国，向西传播到波斯和早期的阿拉伯国家。吃过甘蔗的小朋友一定知道，甘蔗的吃法和其他水果不大一样，一口咬下去，不能嚼一嚼就直接咽到肚子里，而是咂干甜蜜的汁水后，再把甘蔗渣子吐出去。印度人早期制作蔗糖的方法跟我们吃甘蔗的原理一样——先从甘蔗中榨出蔗汁，再加热熬煮，然后，把浓蔗汁装在袋子里，上面压上石头，靠重力让糖蜜慢慢漏走。这样就可以获得带有杂质的“红糖”。这样的制糖方法看上去并没有什么技术含量，但是，红糖需要再经过反复提纯才能得到白糖，这才是困难的地方，所以，越纯净的白糖就越昂贵。

1 000 多年前，当蔗糖作为一种进口食品来到欧洲时，就像璀璨的宝石一样珍贵。要想得到两袋今天超市卖的那种白糖，英国国王亨利三世都得亲自要求温彻斯特市的市长帮他想办法，因为这已经是当时从全市的商人们手里一次能拿到的最大量了。

甘蔗的生长需要高温和大量降水，欧洲的气候条件很难满足，因此，欧洲人想要实现他们的"甜蜜梦想"需要付出极其高昂的代价。于是，当欧洲人发现美洲大陆后，便将甘蔗从西班牙的加那利群岛带到了新大陆。之后的几百年里，在加勒比地区，甘蔗种植园的数量如同雨后春笋般迅速增加。在只有 60 多个足球场大小的英属巴巴多斯岛上，竟然有 900 多个甘蔗种植园。

在种植园里，工人们过着地狱般的生活。制糖的环节几乎都充满了危险，尤其是处理沸腾的糖汁时，如果工人身上的任何部位不小心浸入黏稠的糖汁，就会

求求你！好心的商人，请多卖些糖给我……
不可能！

像陷入沼泽一样被牢牢粘住，甚至会因此丧命。没有人会为了微薄的薪水主动做如此危险的工作，因而都是由奴隶来完成的。在距今500多年前到150多年前之间，大约有1 200万奴隶从非洲被运往美洲种植园。每一次航行都是一场未知的冒险，糖的甜蜜背后是奴隶的血和泪。

后来，糖不再是价值不菲的奢侈品，吃糖也不再是贵族的专利。这要是让亨利三世知道了，一定很眼馋。但是，正如文章开头所说，吃糖过多会危害身体健康，如今，糖成了危害健康的头号敌人。

为了更好地保护你的牙齿，小朋友一定要从自己做起，少吃糖！

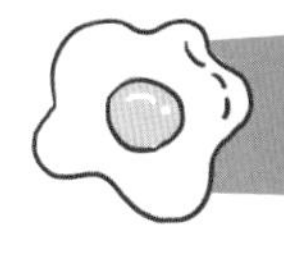

没冰箱，还能吃上冰激凌？

小朋友，你爱吃蛋筒冰激凌吗？

可是，化了的冰激凌，要怎么舔，才不会流到你的手上呢？

我来教你一个最“科学”的方法：

吃蛋筒冰激凌的时候，手拿着蛋筒，将你的小舌头保持一个倾斜的角度，然后一边 360 度旋转蛋筒，一边朝着冰激凌快要融化的地方舔，蛋筒冰激凌就会在你的手里乖乖听话，变成连雕塑家和数学家都交口称赞的规则圆锥体。不过，这个方法可不是我发明的，而是

小馋猫，看好了！冰激凌要这样吃才科学！

美国的《纽约客》杂志曾经向读者介绍的。你不妨试试。

一到夏天，街边很多小店的冰柜里都有冰棍儿和冰激凌，我们可以随时买到。但是，在小朋友们的爸爸妈妈小的时候，小店里的冰棍儿可都是装在捂着棉被的箱子里的。在你们的爷爷奶奶小的时候，想吃一根冰棍儿就更不容易了，那时候，普通人家还没有冰箱。

说起来，在吃冰这件事儿上，我们中国的祖先可是绝对领先呢。

我国第一部诗歌总集——诞生于约 3 000 年前的《诗经》，其中就有冬天凿冰藏进冰窖的记载，那时候还有掌管冰政的官吏，叫作“凌人”。

每年冬季，凌人会将大块干净的冰从河中取回来，存放在预先准备好的冰窖里。冰窖里铺着干净的稻草，人们把一米见方的大冰块一块一块地码好，每块冰之间都有稻草相隔，再将全部的冰块用稻草盖好，密封窖口。等到来年春夏之交，举行开冰仪式之后，即可随时取用藏冰，到秋天时，就把冰室清理干净。不过，冰块长时间存放在冰窖，不管窖有多深，密封得有多好，总免不了融化。为了保证使用，藏冰的时候通常都要多储备一些冰块。

在北京，有个地方叫冰窖口胡同，这里原先是清代时皇家藏冰的地窖。皇家冰窖可不止这一处，光紫禁城内就有5座冰窖，大大小小的皇家冰窖每年冬天可以存几十万块冰！

可是，存了这么多的冰，都是留给谁用的呢？

古时候，可不是人人都吃得起冰的。皇帝除了自己用，还会把冰赏赐给大臣们。唐代的大诗人白居易曾在得到赐冰后，写了一篇《谢赐冰状》向皇帝“表白”，大意是：我吃着皇上赏赐的凉丝丝的冰，心里无比感激皇上您老人家还惦记着我呢！

而且，在唐代，市场上也是能买到冰的，但是价格却比黄金还贵。相传，有一个商人在大夏天的集市上售卖冰块，很多人都想吃，可是商人不肯贱卖，结果，一天下来，冰卖不出去，都融化成了水……

到了宋代，京城的夜市里已经有了专门的“冷饮店”，店家把蜂蜜、糖加到冰中，人们便可以吃到“冰雪凉水”，这宋代版的“老冰棍儿”听起来还挺好吃的。再过了几百年，经过元代宫廷的多次改进，一种叫“冰酪”的冷

来买啊，透心凉啊！
老板，能便宜点吗？
不行！
呜呜呜……全化了……
叫你贪心！

冻奶食成为宫廷夏日必备的消暑甜品。这种把牛奶、蜜饯、水果统统加到冰里制成的冰酪，便是中国古代的“冰激凌”。不过，就食用口感而言，冰酪更像今天的水果沙冰。

那么，今天小朋友们爱吃的这种绵软丝滑的牛奶冰激凌，又是谁发明的呢？

据说是意大利人最早制成了甜丝丝的淡乳酪冰激凌。人们将奶油、糖和水混合后放在一个桶中，然后，把这个桶置于冰块中快速搅拌，就能制成口感绵软的冰激凌了。

可是，这种冰激凌在很长一段时间内，只有贵族才能享用。于是，有人发明了一种方法——往冰激凌里打气，这种方法叫“膨化”。用料减少了，价格就降低了。

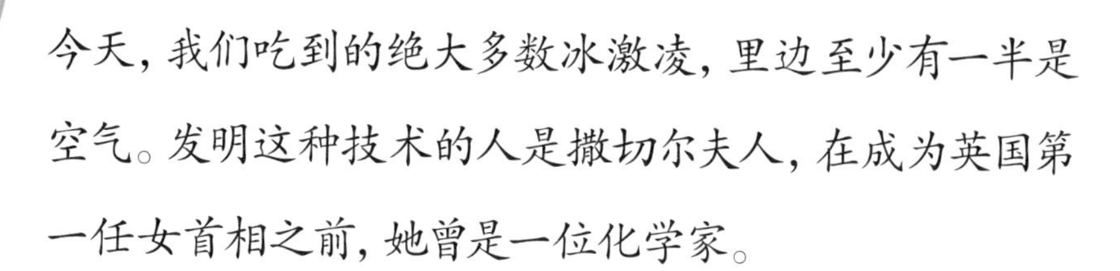

今天，我们吃到的绝大多数冰激凌，里边至少有一半是空气。发明这种技术的人是撒切尔夫人，在成为英国第一任女首相之前，她曾是一位化学家。

下次，当你想吃冰激凌，爸爸妈妈却不允许的时候，你就可以淘气地告诉他们：我吃的不是冰激凌，而是空气！

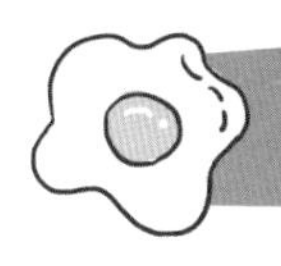

辣椒味的巧克力饮料，好喝吗？

小朋友，你能想象没有巧克力的生活吗？

冰激凌没有了巧克力脆皮，蛋糕上没有了巧克力酱，曲奇里没有了巧克力豆……仿佛整个世界都变得没有那么迷人了。如果你爱吃巧克力，那么一定要庆幸自己没有出生在16世纪以前，那时候，巧克力只存在于美洲，并且……好像也不大好吃。

小朋友们都知道，制作巧克力的原料是可可豆。早在3 000多年前，拉丁美洲的印第安人就已经学会了培植可可豆，甚至能用可可豆制作饮料。他们将可可豆

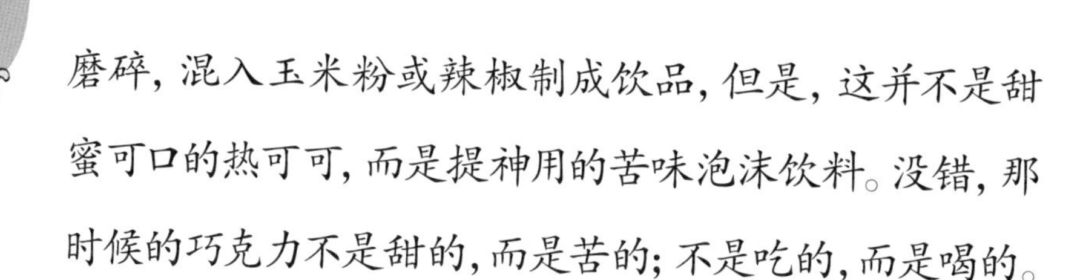

磨碎，混入玉米粉或辣椒制成饮品，但是，这并不是甜蜜可口的热可可，而是提神用的苦味泡沫饮料。没错，那时候的巧克力不是甜的，而是苦的；不是吃的，而是喝的。

500 多年前，当探险家哥伦布代表西班牙王室第四次登上新大陆的时候，他第一次看到了可可豆。

哥伦布发现，印第安人很在意这种奇怪的种子，他们把可可豆拿在手里，或揣在身上，哪怕只有一颗可可豆掉到地上，他们都会停下脚步把它捡起来，就像有颗宝石掉在了地上一样。在印第安人眼中，可可豆是神圣的食物，不仅可以用来制作热腾腾的饮品，还可以作为奖品，用以奖励荣获战功的士兵。阿兹特克人（美洲原住民）甚至将可可豆作为货币使用。

其实，最初登陆美洲大陆的殖民者是不肯喝巧克

感谢神奇的大自然馈赠的独特美味！
哎呀！太可怕了！

力的。因为，除了放辣椒，印第安人还会在巧克力里添加鲜红的红木染料，于是每次豪饮之后，他们的嘴唇和胡须都会被染得鲜红，像喝了血一样，看起来怪吓人的……最早接触美洲巧克力的西班牙人本佐尼，曾经在他的《新大陆历史》一书中写道：

“巧克力看上去不是给人喝的饮品。我在这个地方待了一年多，从未有过品尝它的想法。每当我经过定居点，总有一些印第安人拿它给我喝。他们会对我的谢绝表示非常惊讶，然后哈哈大笑着走开。”

但是作为药物，巧克力还是很受殖民者欢迎的，比如，皮肤被树枝割破的时候，可以用在可可脂中浸泡过的绷带包扎伤口；肚子疼、头疼的时候，喝点儿巧克力便能得到缓解。巧克力中的化学成分能让人身心愉悦、精神焕发，一旦加上从旧大陆带来的糖，就没有人能够抵挡巧克力的美味了。巧克力饮品迅速风靡起来，成了西班牙宫廷和贵族家庭中的必需品。

读到这里，你可能要问了，巧克力是什么时候才变成今天的样子的呢？

1828 年，荷兰化学家梵豪登发明了一种研磨可可豆的机器，将可可豆分成液体的可可脂和固体的可可粉，通过这种方法制成的可可粉更易溶于水。而将可可脂与可可粉再度按照特定的比例重新混合，就得到了固体巧克力，白巧克力就是完全没有可可粉的纯可可脂。

至于小朋友们爱吃的牛奶巧克力，实际上是由两个人一起发明的：一位是瑞士的化学家，也是雀巢公司的创始人——亨利·雀巢，他发明了奶粉；另一位是瑞士的巧克力生产商——丹尼尔·彼得，他想出了一个绝妙的点子：将雀巢公司生产的奶粉和巧克力混合，生产出了世界上第一块牛奶巧克力。

如今，巧克力已不再是精英阶层专享的奢侈品。为了满足人们的需求，巧克力被制作成各种口味，据说市场上出现了添加辣椒粉的新式巧克力，这倒是跟早期人们食用巧克力的方法一脉相承。

巧克力的大量生产需要更多可可豆，但是，可可树只能生长于热带，因此，非洲西部成了世界上最主要的可可豆产地。不过，你可能没有想到，从那里输出的可可豆，很多出自西非种植园里的童工之手——那里有超过 200 万的孩童被迫劳作。尽管很多国际组织、巧克力公司和西非国家的政府多次与种植园沟通，要求他们加

我是雀巢。
我是彼得。
合体
牛奶巧克力
我们可真棒!

强管理，不要再雇用童工，但是这一状况依然很难改变。

所以，小朋友，当你将巧克力放入口中，享用丝滑的美味时，要记得，世界上还有一群孩子为此付出了大量的血汗，在他们的眼中，巧克力可不是美味。

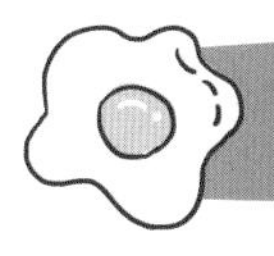

为什么你得吃水果，狗却不用？

“哼，妈妈又让我吃苹果！”

“吃水果太烦人了，没削皮的苹果味同嚼蜡，橙子吃完满手都是汁，吃完菠萝舌头麻、牙齿酸，西瓜吃起来得吐子儿……什么‘一天一苹果，疾病远离我’，还有什么补充维生素，可我就是不想吃，不要吃！”

正在读故事的你，喜欢吃水果吗？妈妈是不是总说吃水果可以补充维生素，可是为什么我们需要补充维生素呢？

在这篇文章中，我们就来讲讲维生素 C 的故事。

"报告船长，又有一个人病倒了！"

"快，带我去看看！"

以上的对话发生在200多年前的某一天，一支英国的探险队正在执行突袭西班牙在太平洋领地的任务。出发的时候，船上一共有2 000名船员，回来的时候，只剩下600多人了。指挥这次海战的英国海军上将乔治·安森在日记中写道："许多水手都得了同一种病，躺在那里动弹不得，他们之中有些人挣扎着从吊床上爬起来，还没来得及爬到甲板上就已经死了。"

这简直太可怕了，他们究竟得的是什么病呢？

在大航海时代，远洋航海最大的敌人不是风暴，不是海盗，而是一种可怕的疾病——坏血病。得了这种病的人会出现牙龈腐烂、牙齿松动、皮肤变黑、身体极

太难受了……
谁来救救我？

度疼痛的症状。坏血病的病因是身体里缺少维生素C，远洋航海的探险队队员长时间吃不到新鲜的蔬菜水果，很容易得坏血病，所以，坏血病曾经也被称为“海员病”。

但是，在那个时候，人们并不知道维生素C的存在，也不知道海员们为什么生病，更不知道用什么办法才能让他们好起来。人们普遍认为：坏血病是一种可以传染的疾病。

但是，有一个人却不相信，那就是英国皇家海军外科医生詹姆斯·林德。

一开始，詹姆斯·林德在一艘远洋船上担任外科医生。他目睹船员们饱受疾病折磨，便对这种长期威胁航海人身体的疾病产生了浓厚兴趣。因为工作的关系，他一天可以接触几百个坏血病病人，在查阅了大量关于坏血病的学术著作后，林德对坏血病会传染的说法产生了怀疑。

于是，他做了一个实验。他找来12位坏血病病人，把他们分成6组，并为他们准备了完全相同的食物：麦片粥、羊肉汤、布丁、饼干、大麦、葡萄干、米饭、甜面包和酒。同时，不同的组别每天额外增加不同的食物，其中，第一组增加苹果酒，第二组增加稀硫酸，第三组增加含醋的食品，第四组增加海水，第五组增加混合蔬果汁，第六组增加2个橘子和1个柠檬。

6天后，吃橘子和柠檬的那一组病人完全康复了。实验说明橘子和柠檬能够治愈坏血病！林德非常兴奋，他把自己的实验结果公之于众，并建议出海的船队为船员们配给柠檬。这个实验本身很了不起，因为这

喔……

嘿，我好啦！

给其他的科研人员提供了一种研究思路——可以通过分组对比的方法，来验证自己的假设。

但是，林德的疗法在很长一段时间内却被漠视了，虽然他通过实验治好了船员的坏血病，但人们还是不知道引起坏血病的根源是什么。

1795 年，在林德的实验结束 40 多年后，英国海军部正式下令向船员供应柠檬汁。据说，有的船队虽为船员配给了柠檬汁，但不是新鲜的柠檬汁而是煮沸的柠檬汁，因为他们认为煮沸的柠檬汁能够长时间保存，可是柠檬汁中的维生素 C 被高温破坏掉了，结果还是有船员患上了坏血病。而且，许多常年吃不到柠檬的人也并没有得坏血病，比如生活在北极附近的因纽特人，他们主要食用生鱼和生肉，几乎不吃蔬菜水果，为什么他们

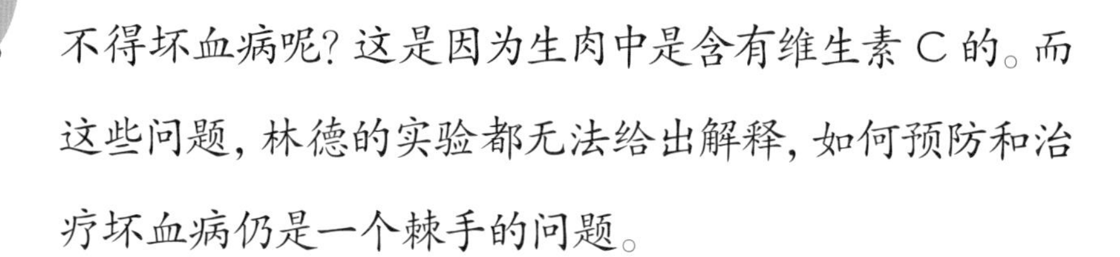

不得坏血病呢？这是因为生肉中是含有维生素 C 的。而这些问题，林德的实验都无法给出解释，如何预防和治疗坏血病仍是一个棘手的问题。

20 世纪 20 年代，匈牙利科学家圣捷尔吉从动植物组织中分离出了维生素 C，并且证明了它的功效，从那以后，人类才真正知道了坏血病的病因。凭借与之相关的发现，圣捷尔吉于 1937 年获得了诺贝尔生理学或医学奖。

其实，在很久很久以前，人体是可以自身合成维生素 C 的，但是，基因突变让我们失去了这项能力，而大多数的哺乳动物，比如猫和狗，却可以自身合成维生素 C。科学家推测，可能是因为我们很容易从水果和蔬菜中获得维生素 C，就不需要动用自身能量来生产了，可以把这些能量用到更有用的地方。

这么多科学家，用了如此漫长的时间，辛辛苦苦才发现了维生素的秘密，还不足以让你爱上吃水果、蔬菜吗？

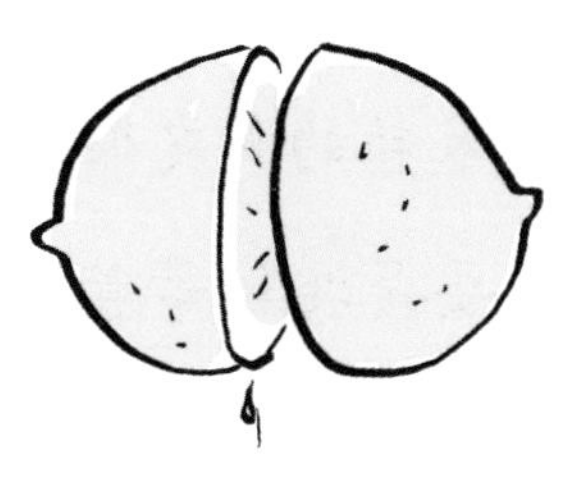

爆米花——零食界的“老寿星”

一边看电影一边吃爆米花，别提多惬意了！

当你“咔嚓咔嚓”地嚼着松脆香甜的爆米花时，有没有想过，硬邦邦的玉米粒是如何变成白白胖胖的爆米花的？

要回答这个问题，我们要先找来一粒玉米，剖开看看它的结构。一粒玉米由三部分组成：种皮、胚乳和胚。玉米粒的种皮很坚硬，种皮包裹着胚乳和胚。其中胚乳主要是淀粉等营养成分，当胚萌发成长为一株幼苗的时候，胚乳能够为幼苗提供营养。

玉米粒受热时，种皮内胚乳和胚的一部分水分会变成蒸汽膨胀，向外给种皮带来巨大的压力。同时蒸汽也会让淀粉和蛋白质一起变成“面糊”。当玉米粒内部的压力一直增强，种皮承受不住的时候，玉米粒就会爆裂，并释放蒸汽。待冷却之后，“面糊”凝固，玉米粒就变成白白胖胖的爆米花了。这个过程的原理，和我们在家里使用的压力锅的原理一样。

不过，我们平常煮着吃的玉米，是不会轻易“爆”给你看的。小朋友，你仔细观察一下就会发现：市场上售卖的爆米花使用的玉米与我们平常煮着吃的玉米并不相同，爆米花专用玉米粒的颗粒更小，种皮更坚硬。在高温作用下，这种玉米粒的内部承受的压力更大，因而能爆得更蓬松，口感更好。而且，这种小小的“爆裂

咔嗒!
咔嗒!
煮着吃的玉米
也能爆?
嘿!

砰
爆米花……花……花……
吓死本喵了!

玉米”的“长相”也更接近玉米的祖先。

在拉丁美洲，墨西哥中南部的早期农民 9 000 年前就开始选择长得饱满的玉蜀黍种子有意识地播种了。原始玉米看起来与现代玉米非常不同，它的穗轴很小，稀疏的玉米粒被坚硬的外壳包裹着，既不能直接吃也不能磨成粉末。但是有一个特性却弥补了它所有的缺点，那就是可以爆裂。换句话说，美洲人最早烹饪玉米的方法很可能就是“爆米花”。

几百年前，当欧洲的殖民者首次到达墨西哥中南部时，他们看到当地人不仅食用爆米花，而且还将其当作头饰、项链和神像上的装饰品，在祭祀等重大仪式上佩戴或摆放。

二十世纪中期，美国学者在美国新墨西哥州发现了一处几千年前曾有人居住过的蝙蝠洞，洞里有一个超级“粪坑＋垃圾堆”。他们从这处“垃圾堆”里一共挖出了700多个标本：去壳的玉米棒子、玉米粒、叶鞘以及玉米的雌花。挖得越深，玉米棒就越小。在这些古老的玉米粒中，他们发现了6颗部分或完全爆裂的玉米粒。事实上，这些科学家有着孩子一般的好奇心，他们拿了一些没有爆开的玉米粒扔进热油里，古老的玉米粒不负众望，竟然还能爆开！经测定，它们大约有5 600年的历史。

在漫长的几千年中，正是人类的干预才让一种叫类蜀黍的植物成了清甜、饱满、柔嫩的玉米。如今，玉米是世界上重要的农作物之一，人类和玉米之间的关系已经延续了几千年。

如今,我们不仅能吃到爆米花,还可以吃到甜玉米。玉米可以制成淀粉、糖浆和食用油等,可以制备乙醇,甚至还可以用来制造塑料。随着化学能源越来越稀有,玉米甚至可能成为驱动汽车的燃料!

我们刚刚讲了很多关于玉米的事,不过,可别忘了,这都是从你手中那粒香甜松脆的爆米花开始的。

小贴士：

普通玉米也可以变成爆米花，不过需要一些特殊工具的帮助。在大多数中国人的印象里，做爆米花的过程更像是一种“特技表演”。小贩把玉米、大米、黄豆等装进爆米花机，然后把机器架在火上一边转动一边烤，烤得差不多的时候，机器盖子对准大布口袋，只听“砰”的一声巨响，热气腾腾的爆米花就“跑”进了大布口袋里。如果你有机会去乡村的集市或者庙会，还能看到这样好玩儿的场景。

餐桌上的食材了不起

小朋友，你喜欢吃馒头还是面包？

嗯……你的回答是不是“我喜欢吃米饭”？！

哈哈，好吧，虽然你答非所问，但你的想法倒是跟宋代的大文豪苏东坡差不多。

苏东坡出生在四川，长大后去北方做官，最不习惯的就是北方的饮食。苏东坡的弟弟苏辙曾在一首诗中提到，自己从小吃惯了稻米，来了北方，被迫改吃面食，但还是对稻米念念不忘，每天早晨都用稻米煮点儿粥吃。

稻、黍、稷、麦、菽是我们俗称的“五谷”，也是古

人主要的粮食。到今天，我们主要以稻和麦为主食。成熟的水稻经过收割、脱粒、去壳之后，就是白白胖胖的米粒了。小麦去壳之后也是一粒一粒的，需要对它进一步加工，才能变可食用的面粉。

“破甑（zèng）蒸山麦，长歌唱竹枝。”这句诗里提到的“甑”，是一种用来蒸饭的器具，看起来像碗，但是底部有一些小洞，可以放在鬲（lì）上蒸煮食物。早在8 000多年前，我们的祖先就已经用它来蒸饭了。甑和鬲组合起来叫甗（yǎn），甗相当于我们现在家里蒸馒头的蒸锅，下层放水，上层放食物，利用不断沸腾的水产生的蒸汽的热量把饭做熟。这是我们祖先了不起的发明！

然而，甑的发明最初是为了烹制米饭，这种饮食习惯根深蒂固。于是，当4 000多年前小麦传入东方，我们的祖先仍然像做米饭一样将小麦直接蒸煮，这种饭食叫“麦饭”。从上文苏东坡的诗里，我们就能看到麦饭的影子。

麦饭很难吃，在很长的一段时间内只是普通百姓的主食。那么，我们是什么时候吃上小麦粉的呢？去过中国农业博物馆或者中国国家博物馆的小朋友，可能见到过一些汉代作坊模型。

这些模型大多是明器，即陪葬品。汉代人“事死如事生”，因此，他们会把生活中的一些物件原模原样地“缩微”仿制一套，和墓室的主人埋在一起。根据出土的汉代明器中的碓、磨等物品，可以真实还原当时人们加工小麦的场景，说明至少在那个时候，有人已经能

吃上小麦粉了。

蒸饼、汤饼、髓饼、索饼……在汉代，基本上带“饼”字的食物，都是用小麦粉做的面食。汤饼就是水煮面片，胡饼就是从西域传来的烧饼。那时全国头号“吃货”——汉灵帝就是胡饼的忠实粉丝，他最喜欢吃的“西餐”就是将酸瓜切成长条，与烤肥肉一起卷在饼中，并搭配一种叫“醋芹”的小菜。听起来很像今天的北京烤鸭。

不过，我们刚刚提到的这些饼都是死面儿的，用死面儿蒸出来的馒头，不仅硬，还粘牙，只有用发面蒸出来的馒头才暄软好吃。

大约 1 500 年前的《齐民要术》中记载了一种制作发面饼的方法：用酒酿和面，面团会膨胀变大，蒸出来的“饼”松软香甜。这是因为酒酿中的酵母菌吞食了面团里的糖分，呼出二氧化碳，在面团中撑起了一个个小洞。把发好的面团放进锅里蒸熟之后，酵母菌死了，但是小洞留了下来，蒸好的面团松软可口，这正是馒头的原型。

在西方，松软的发酵面包可能在 3 000 多年前的埃及就已经出现了。但是这种独具风味的面食，直到几百年前才由西方传教士带入中国。

我们利用甗将发酵面团蒸成了馒头，而西方人却把发酵面团放进炉子烤成了面包，这两种食物代表了东西方两种不同的饮食习惯。

小朋友，下次再吃到馒头的时候，不妨跟爸爸妈妈炫耀一下读书学到的知识吧。

折（这）是窝（我）们歪果仁儿（外国人）的面包……
热腾腾的大馒头来喽！

土豆“闯”世界

酥香松软的炸薯条蘸上番茄酱，配着汉堡包、炸鸡块，简直太好吃了！

大口大口地吃着薯条的你，可能不知道，土豆是一种非常了不起的食物。土豆含有除了维生素 D 之外的几乎所有营养成分：它不仅拥有碳水化合物所提供的能量，还含有蛋白质、维生素 B、维生素 C。可以说，是土豆终结了欧洲人的坏血病。

8 000 多年前，在南美洲的秘鲁南部山区，秘鲁人开始人工种植土豆。所以，土豆在南美洲人的餐桌

上“出镜率”很高。南美洲人将土豆作为主食，就像我们平常吃的大米、白面一样，顿顿离不开它。但是，当西班牙殖民者把这种广受欢迎的食物带回欧洲的时候，欧洲人却根本不想吃它。

最初，欧洲人将这种新奇的植物种在花园里供人欣赏。土豆花很美，白色或紫色的花散发出甜甜的味道。这种美丽的小花开败后会长出小小的绿色果实，想必小朋友们都没有见过吧。那可要记住了，如绿色小番茄一样的土豆果实和羽状的土豆叶子，都是有剧毒的，千万不要误食。土豆叶子还曾让英国王室集体闹肚子呢。

据说，将土豆带到不列颠群岛的第一人是拉雷夫爵士，他在爱尔兰的自家庄园里种植了这种稀奇的植物。为了拍马屁，他在伊丽莎白女王面前对土豆的美味大加赞赏，并把整株土豆进献给了女王。听他这么一说，女王陛下的胃口一下子被吊起来了。她命令厨师赶快做土豆给她吃。这下厨师可犯了难，这道菜该怎么做呢？

不过，皇室御厨的面子可不能丢。于是，他们硬着头皮把土豆叶子留下，却把从来没见过的土豆给扔了，为女王陛下和王室贵宾做了一锅土豆叶子。御厨毕竟是御厨，手艺相当了得，连土豆叶子也做得色、香、味俱佳。

皇室宴会上，不少贵宾都对这种新奇的食物交口称赞。但是晚宴之后，贵宾们纷纷食物中毒。女王大怒，土豆自此上了王室的“黑名单”。

当然，这个故事极有可能只是个传说。事实上，在拉雷夫爵士生活的爱尔兰，土豆早就出现在餐桌上了。勇敢的爱尔兰人发现土豆最好吃的部分是那些藏在地

尊贵的客人，
请您用餐！
哇！好吃的
土豆来了。

唰！

笨蛋！这土豆叶子能吃吗？有毒啊！
啪！
呜呜呜……我错了！

下的圆溜溜的球状物——它们并不是土豆的果实和种子，而是块茎。

块茎也是为植物提供营养的器官，只不过“聪明”的土豆会把自己的一部分茎埋在地下，还会撑成一个个圆鼓鼓的“小球”，这些“小球”就像是土豆的“银行”，可以把养分存起来。露在地面的土豆果实有可能死掉，但是，只要留有块茎，土豆就能继续发芽。

可是，土豆就算再“聪明”，也想不到自己的“小心机”被人类识破了，块茎也被人类挖出，做成美食端上了餐桌。为了解决营养不良和青黄不接导致的饥荒问题，德国的腓特烈大帝、俄国的彼得大帝和叶卡捷琳娜女皇强迫农民种植土豆。在法国，为了引导农民种植土豆，时尚达人玛丽王后把土豆花戴在头上出席宴会、会见宾客，国王路易十六甚至自编自导了一出戏：他命人在王室的一块地里种上土豆，让士兵白天看守，晚上撤走。农民便有机会冒险偷走这些“皇室宝贝”，栽种到自家田里。

土豆高产，种植简单，容易烹饪。渐渐地，欧洲的许多国家都大面积种植土豆，这样一来，同样的土地就能养活更多的人了。在中国、印度、日本等国，土豆也对人口的增长做出过不小的贡献。

然而，没有谁比穷苦的爱尔兰人更依赖土豆了。

在土豆出现之前，夏天是爱尔兰人挨饿的季节，上一年的粮食吃光了，新粮食还没成熟，而土豆从种下到收获只需要短短的三四个月，四月种下，七八月就能吃了。穷苦的爱尔兰人靠土豆填饱了肚子，不再忍饥挨饿。在

土豆走上爱尔兰人餐桌后的近100年间，这个美丽岛屿上的人口从150万激增到900万。

爱尔兰人这样高度依赖土豆，一旦土豆歉收，后果也将是灾难性的。爱尔兰人的噩梦在1845年降临：一种被称作“马铃薯晚疫病”的真菌疾病侵袭了爱尔兰人的土豆田，并以惊人的速度横扫欧洲。在几个星期里，当地的土豆变黑变臭，还散发出阵阵令人恶心的气味，土豆歉收甚至绝收，人们无法再指望拿它当口粮了。失去了土豆，上百万的爱尔兰人被饿死，还有些人因为饥饿导致抵抗力低下，死于伤寒或霍乱等疾病。

大约150万爱尔兰人自此踏上了逃荒之路。他们背井离乡，远赴美洲谋生，陆陆续续地，德国人、俄国人、意大利人……纷纷漂洋过海来到了美国，改变了这个年轻国家的人口结构。今天，每10个美国人里至少有1个人是爱尔兰裔。爆发这次移民潮的根本原因就在于欧洲土豆歉收。

如今，土豆已经成了世界头号非谷物食品，它的踪迹遍布100多个国家，丰富了世界各地的餐桌。可以说，如果没有土豆，世界可能就不是今天这个样子了。

拥有很多很多盐＝拥有很多很多钱？

小朋友，在阅读这篇文章之前，我们先做一个小实验，用你的舌头舔一舔你的胳膊，尝一尝是什么味道的？

是不是咸味的？

这是因为我们的身体含有盐，像小朋友的爸爸妈妈这样的成年人，他们体内约有250克盐，出汗时，汗液里的少量盐分会附着在皮肤表面，所以尝起来咸咸的。不仅如此，人的汗液、血液、尿液都是咸的。

盐对我们的身体很重要。它能为全身运送营养和氧气，维持神经和肌肉的正常运转……如果出汗、排尿过多，体内的盐分会不断流失，这时就需要我们及时从饮食中补充盐分。如果身体缺乏盐，我们就会觉得浑身无力、头晕目眩。打仗的士兵如果长期吃不到盐就会无力战斗。所以，我们需要从食物中摄取适量的盐分！

和我们人类一样，动物也需要盐，而且需要的比人类还多。所以，动物总能找到有盐的地方，比如干涸的河床或者盐水泉。

在远古时代，我们的祖先只要跟着动物，就可以获得盐。慢慢地，人类学会了驯养动物、种植农作物，过起了定居生活。食物越来越丰富，人类开始试着把吃不完的菜和肉存起来，待到食物匮乏之时应急。但是没有冰

箱，怎么才能使蔬菜和肉类不变质呢？

这时候，盐就显得极为重要了。因为用盐腌过的食物，其中的水分会被吸干，细菌也会被杀死，存上几个月都没有问题。有了盐，鱼可以变成咸鱼，肉可以变成腊肉，蔬菜可以变成咸菜，牛奶可以变成奶酪……

渐渐地，人们有了更多的食物，便开始通过贸易进行交换。于是，生活在内陆的人吃到了鱼，种田的人吃到了奶酪……

但是，想要通过开采获得大量的盐，并不是一件容易的事。

你一定想问,海水不就是咸的吗？把海水烧干了，不就可以得到盐了吗？的确，海水含有丰富的盐，但是，从海水中获得盐并没有那么容易。把海水烧干要耗费很多燃料，而这些燃料都不比盐便宜。当然，还可以让海水在阳光下自然蒸发，但是晒盐至少需要十几个连续的晴天，事实上，海边的盐场每年真正能生产出盐的时间只有短短的几个月。

在我们中国，早在 2 000 多年前，设计了都江堰的“天才水利工程师”李冰发现了来自地下的盐水泉，这种泉水比海水含盐量高，所以不需要消耗太多的燃料就可以煮出盐来。

想要开采地下的盐水就需要凿盐井，而凿盐井需要花费大量的金钱和时间。有时候，一口盐井可能要凿几十年，很多盐商孤注一掷，把一生的积蓄都投到一口盐井中，一旦打出盐水便能一夜暴富。

菜可以自己种，但是盐必须得买。由于盐的生产非

喂！找到盐了没有？
累死了。没有找到！

常集中，便于垄断管理，只要控制了盐的供应和价格，就可以向所有人征税。自古以来，很多国家都将控制盐的生产和消费视为重要的统治策略。

在古罗马，统治者调控盐价确保平民买得起盐，以此来维护国家统一。但是，在必要的时候，则会通过征收盐税为军队筹集军费。古罗马能扩张成为一个横跨三个大洲的“超级大国”，可少不了盐税的功劳。

在我们国家，历朝历代都非常倚重盐税。据明代《天工开物》记载，当时盐的价格是其制作成本价的10倍，而其中的利润不仅用于军队开支，还用于修筑长城。在2 000多年前的汉代，政府规定所有的食盐只有国家才有权销售，甚至还有条法令规定，谁敢私自制盐就将其左脚趾割掉。在历史记载中，甚至出现了“天下之赋，盐

我有这么多盐，我可真是个富有的皇帝！
做梦都能笑醒，哈哈哈……
盐

利居半”的说法，可见在中国古代盐税对国家有多重要。

在被“控制”了几千年之后，科学技术改变了盐的命运。

大约在200年前，一个叫阿佩尔的法国人发现，把食物密封在罐子里，加热后就不易腐烂了。小朋友可以问问爸爸妈妈，他们小时候有没有吃过西红柿罐头？这种罐头一般由家庭自制，将新鲜的西红柿切碎后装在瓶子里，经过加热、晾凉，就可以长期保存。阿佩尔的发明和西红柿罐头的原理一样。拿破仑的海军率先引入了这项技术，士兵们才得以吃到比较新鲜的汤、牛肉及蔬菜。随着速冻技术的成熟和冰箱的广泛使用，食物的新鲜风味能最大程度被保存，腌菜成了餐桌上的一道风味食物，不再是生活必需品。

随着钻探技术的进步,人们发现盐并不稀有。如今,大家更关注摄取过多食用盐给人体造成的危害。科学家们也像寻找木糖醇之类的代糖一样,积极地寻找着能够代替盐的咸味物质。

当你再拿起盐罐的时候,要记得手里的白色盐粒可是影响了人类漫长的发展历史呀。

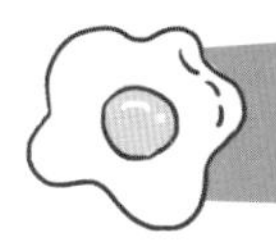

番茄呀，你是水果还是蔬菜？

如果你在学校里做个调查，问问同学们最爱吃什么菜？番茄炒鸡蛋的得票率一定很高。

酸酸甜甜的番茄，无论是生吃，还是炒着吃、炖着吃，都有一票忠实的粉丝。

你可能想不到，如此味美的番茄竟有着一段离奇的“黑历史”。

世界上最古老的番茄原产于中美洲，大概在 16 世纪时，西班牙殖民者将它带到了欧洲和东南亚的菲律宾。

那时的番茄不是用来吃的，而是用来看的，因为人

们觉得这种有着美艳外表的植物会有剧毒，因此把它称为“毒苹果”！

番茄的茎叶散发出的味道很容易让人联想到一种熟悉的有毒植物——颠茄。而且，最早食用番茄的一批欧洲人确实“深受其害”。不过，罪魁祸首不是番茄，而是他们使用的含铅量很高的锡制盘子。因为番茄含有很多有机酸，如柠檬酸和苹果酸，它会使铅从盘子里“解放”出来，导致食用者铅中毒。

由于种种误解，旧大陆用了200多年才接受了番茄。意大利人把番茄酱涂抹在比萨上享用了将近100年后，英国人和美国人才真正尝到番茄的美味。

有趣的是，为了给番茄“洗白”，美国还流传着这样一个故事。

你有胆量吃我们吗？
你们看起来很好吃！

据称，在美国新泽西州的塞勒姆县有一位很有影响力的人物——约翰逊，他对农业发展充满热情，并深信番茄是一种健康食品，于是宣布将在公众面前吃下番茄。1820 年的一天，在数百人聚集的法院广场，约翰逊提着一篮子番茄大步走上台阶，大家都被吓得屏住了呼吸。他大胆地吃完了番茄，结果……什么也没发生。从那天起，番茄在美国迅速流行起来。

不过，根据历史学家安德鲁·F. 史密斯的调查，这件事极有可能是杜撰出来的。史密斯于 1990 年在《新泽西历史》杂志上发表了一篇题为《罗伯特·吉本·约翰逊和番茄传奇的形成》的文章，回顾了谣言出现的始末。

文章称，19 世纪初，约翰逊上校确实住在塞勒姆县，在他的主持下，当地成立了农业协会。塞勒姆县后来成了美国的番茄种植中心。但是，那个时代的信件、报纸等都没有提及约翰逊上校和番茄之间的任何联系。其实，早在1820年以前，番茄在美国就为人所知，美国第三任总统托马斯·杰斐逊已经吃上番茄了。

实际上，关于番茄，真正引起关注的是一桩公案：关乎番茄是水果还是蔬菜。

这要追溯到1893年，美国的约翰·尼克斯公司将纽约海关收税员爱德华·赫登告上法庭，要求退回被强制征收的税款。

这究竟是为什么呢？

约翰·尼克斯是当时纽约市的农产品销售商之一。事情的起因是，纽约港务局将番茄列为蔬菜，根据当时的税收政策，进口蔬菜需要缴纳10%的关税，而进口

水果则不需要。这意味着尼克斯的公司要为进口番茄支出一大笔税款。

约翰·尼克斯反对这项关税。他认为从植物学角度讲，水果是植物长出的含种子的结构，番茄理应是一种水果。

官司一路打到最高法院，法庭一致裁定：尽管番茄符合水果的植物学含义，但关税法案应针对日常生活，人们常将番茄用来做菜，所以认定它是蔬菜，需要缴税。

这并不意味着问题就解决了。欧盟的律师持有不同的判断，至少从欧盟议会 2001 年颁布的法令来看，在果酱和果冻的问题上，番茄“被视为水果”，同时指出胡萝卜和红薯也是水果。

那么，番茄到底是水果还是蔬菜呢？

你们到底是水果还是蔬菜？！
我是谁？天哪……
别理他！你是你自己！

其实大可不必为此烦恼。对于爱吃番茄炒鸡蛋的人来说，番茄是菜；对于爱吃圣女果的人来说，番茄就是水果！小朋友，你觉得呢？

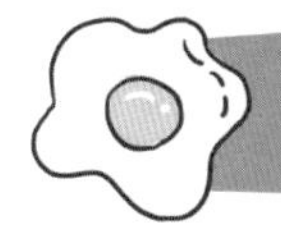

为什么有人爱吃臭味的食物？

就在前几天，我做了一个噩梦。

梦见有一位好朋友邀请我吃大餐，说是所有菜都是我爱吃的，馋得我一个劲儿地流口水。于是，我跟着他开开心心进了餐厅。

一股股恶臭突然飘来。我定睛一看，餐桌上摆着的竟然是臭鳜鱼、臭豆腐、蓝纹奶酪……服务员刚好打开了一盒令人“叫绝”的鲱鱼罐头，臭味排山倒海般涌来……

没等我捏住鼻子，就被吓醒了！还好只是一场梦。

否则，这么多臭烘烘的菜“汇聚一堂”，真让人招架不住。

世界上最臭的食物可能就要数瑞典的鲱鱼罐头了，它的臭味指数是臭豆腐的 20 倍！制作一般的罐头，通常都需要高温杀菌，把微生物杀死了，罐头才能长期保存。但是，灌装鲱鱼罐头的时候并不加热，细菌被封在罐头之中继续发酵，臭味物质越积越多……就像一个极具爆发力的“臭弹”。2014 年，瑞典东海岸的一家仓库发生火灾，仓库内的鲱鱼罐头在火场中爆炸、喷射，整个受灾地区弥漫着令人作呕的气味，堪比生化武器。

因为鲱鱼罐头巨大的“臭味杀伤力”，有人总结了一套开鲱鱼罐头的方法：第一，不能在家里开；第二，开罐头前最好穿上雨衣；第三，提前将罐头冷却好，让罐头

在一片空旷的大地上，

一个人拿出了一盒鲱鱼罐头。

他开罐了，

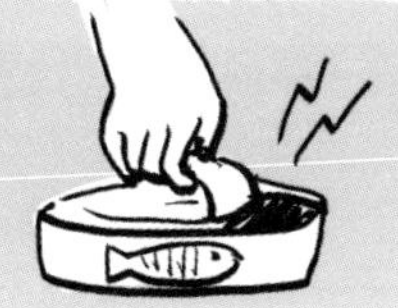

结果，

他被熏晕了。

里的气压降下来，以免开罐的瞬间，里边的汤汁和鱼肉喷出来；第四，要站在下风口，确保周围没有人后再开。

韩国有一种臭味仅次于鲱鱼罐头的食物——洪鱼脍。这是一种发酵鳐鱼，臭味指数约是臭豆腐的 15 倍。吃的时候，要将鱼肉切成 5 毫米左右的薄片，蘸上酱油、辣椒酱等佐料，和煮熟的五花肉一起包上生菜吃。因为价格昂贵，洪鱼脍多在婚礼上才提供，由于鱼肉中氨的气味非常强烈，甚至让食客边吃边掉眼泪。

除此之外，“臭名昭著”的还有臭苋菜梗、臭寿司、纳豆等。读到这里，你可能会疑惑：为什么如此臭不可闻的东西，人们却能吃得津津有味呢？

因为臭里有鲜！食物中的蛋白质、碳水化合物和脂肪的结构通常比较复杂，不足以刺激我们的嗅觉和味

新娘
新郎
洪鱼脍太好吃了！大家流下了激动的泪水……

觉，而发酵则会改变它们的结构。拿臭豆腐来说，在发酵的过程中，微生物产生的酶会像剪刀一样把豆腐中的蛋白质“剪开”，把大分子降解成有鲜味的氨基酸小分子，我们就可以尝到鲜美的滋味了。

人类借助微生物的力量处理食物，一开始可能并不是为了独特风味，而是一种重要的储藏手段。渔夫不可能每天都捕获新鲜的鱼，农夫不可能在寒冷的冬季种出新鲜的蔬菜……为了储存富余的食材，人们就需要想办法对食材进行处理，以备不时之需。比如，把牛奶变成奶酪，把鲜鱼变成罐头，把鲜菜变成臭菜……在这个过程中却意外收获了美味，于是，“吃点儿臭”就成为一种饮食习惯并沿袭了下来。

那么为什么对“闻起来臭，吃起来香”的食物，有人会欲罢不能，有人却避之不及呢？

2016年，法国里昂大学的研究人员利用功能性核磁共振成像分别观察了喜欢奶酪和讨厌奶酪的人在看、闻奶酪时的大脑活动。结果发现，厌恶奶酪者的大脑并没有把奶酪当食物，他们看到奶酪的时候，哪怕通常在饥饿的情况下会被激活的大脑区域也丝毫没有反应，自然就不想品尝啦！

读了这篇文章，你是不是对这些有着臭味的食物产生了兴趣呢？不管怎样，是人类无穷的智慧创造了这些独具风味的食物。

叮叮当当吃大餐

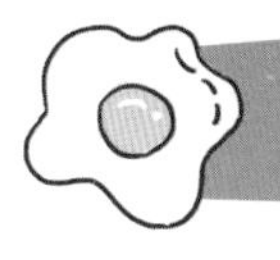

小筷子里的大道理

吃火锅喽！在寒冷的冬天，没有什么比热腾腾的火锅更诱人了。

眼看着嫩滑的肉片在火锅的沸水中翻滚，我用勺子怎么也弄不出来，真是急死我了！可是，在一旁的妈妈拿着长长的筷子自如地夹起锅里的肉片、鱼丸、蔬菜……筷子怎么这么好用?!

是谁发明了这么了不起的餐具呀?

那我们得先从碗和锅说起。在很久很久以前，我们的祖先无意中发现，每当下过雨之后，被脚踩过的地方就会形成泥坑，泥坑里能存很多水。

他们就想，如果把泥捏成泥盆、泥碗，不就能存水了吗？再把这些泥盆、泥碗放到火里烧一下，是不是就更结实了呢？就这样经过反复试验，我们的祖先发明了古老的“锅”，比如釜、鼎、鬲。把米、菜、肉放入注水的锅里持续加热，就能煮成香喷喷的粥或菜肴。

那么，想要吃粥或从滚烫的菜肴里取出菜和肉，直接用手指的话，手指可就要被烫成红烧猪蹄了！

于是，人们大约想到了用树枝、竹棍或者兽骨来进食，这些身边随时可以取用的东西，大概就是最原始的“勺子”和“筷子”。

约 7 500 年前，我们的祖先发明了勺子。他们把形状扁平的兽骨留下来，在一端挖一个小洞，穿根绳子挂

啊……咦……
呜……呀……
喵！喵！
这叫筷子，能夹肉吃，嘿嘿……

在腰间，走到哪儿吃到哪儿。但是，天然的勺子过于扁平，捞菜和肉都不太好用。于是，人们又发明了成双的筷子，和勺子配套使用。

古时候，人们把筷子叫作“箸”，把勺子叫作“匕”。有人专门给它们写了“使用说明”——《礼记》里明确规定，勺子是专门用来吃饭的，筷子是专门用来吃菜的，不能混用。

如果有机会回到3 000多年前，你会惊奇地发现，那时候的人们吃饭都是席地而坐的，不论多么盛大的宴会，都是每人面前放一张小桌子、一份饭。

那时候，食物的摆放顺序可是很有讲究的：主食必须放在客人的左边，菜放在客人的右边。客人左手拿勺子，右手拿筷子就更方便一些。小孩子到了能自己吃饭的年纪，就要学着用右手使用筷子。我们用右手拿筷子的习惯，除了大部分人是右利手的原因，可能也跟历史上的文化传统有关。

不仅是就餐礼仪，古人对餐具也很看重。传说，商纣王让工匠定制了一双非常精致的象牙筷子，他当朝为官的叔叔箕子知道后十分担忧。

读到这里你一定要问了：不就是一双象牙筷子吗？有什么大不了的。

但是，箕子却不这么看。他说，象牙筷子一定不会搭配陶碗使用，肯定得和犀角或宝玉制成的餐具一起使用；而象牙筷子和犀角、宝玉的杯盘，一定不会配粗茶淡饭，肯定得配牦牛、大象、豹的胎盘这样的珍馐；既然吃牦牛、大象、豹的胎盘这样的珍馐，一定不会穿粗布麻衣、住茅屋，肯定得穿锦衣、住高楼广厦。

这样一来，君王的生活越来越奢靡，国家还能好得了吗？

没过几年，商纣王果然过起了普通人难以想象的奢靡生活。他建造了华丽的宫殿和金库，把搜刮来的金银珍宝储藏起来，把剥削来的粮食囤积起来。他下令把酒装满池子，悬挂的肉多得像片树林，以供他享用。"酒池肉林"这个成语就是从这里演变而来的。但是，百姓却过得一贫如洗。

箕子屡次劝谏也没有作用，他自觉回天无力，预感到了危险，干脆装疯卖傻，退隐山林。

最后，商朝灭亡了。

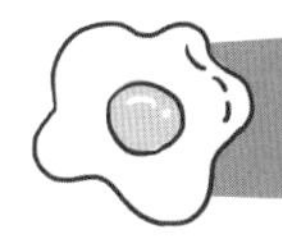

吃西餐为什么要用刀叉？

一块牛排上桌了！哇，好香！

用刀子小心翼翼地切下一小块，然后，用叉子把它送到嘴里。

嚼一口，牛肉的焦香混合着鲜美的肉汁，口感太丰富了！

每次吃西餐的时候，都有一个问题困扰着我：为什么切牛排的刀是一把圆头的钝刀子呢？切水果的刀子不是更锋利更好用吗？

在回答这些问题之前，我们先来聊聊刀子的历史。

刀子的出现,可以追溯到近一万年前的新石器时代,人类的祖先尝试把燧石制成又薄又锋利的石器。一开始,可能是我们的祖先在赤脚走路的时候,不小心被锋利的燧石割伤,便尝试用它刮、刺、切蔬菜和肉食。

随着火的使用,人们开始吃熟的食物,最简便的方法就是用树枝穿肉,就像今天的烤羊肉串儿一样。从树上折下尖锐的树枝,把大块儿的肉穿起来,架在火上烤,这样就烧不到手了,再将烤好的肉用燧石切成小块儿分给众人。

人类能够站到食物链的顶端,很大程度上得益于工具的发明。没有类似刀这样的工具,我们的祖先就无法捕获猎物、采收食物、建造家园,甚至自我保护。

西餐中使用的圆头餐刀又是怎么来的呢?说到这个

哎呀！

哦哦！
扎脚了……
疼……

切肉

问题，就不得不提大仲马的小说《三个火枪手》里面的那位反派人物——黎塞留。

他曾是17世纪法国的红衣主教，有着非常大的权力。大仲马将他描绘成一个无情、渴望权力、愤世嫉俗的统治者，正如他的名言“从这个世界上最诚实的人亲笔写的六行字里，我一定能找到足够的理由绞死他”。

他确实杀死了不少人，但是却把人们手中锋利的餐刀变钝了。

在他生活的年代，人们赋予刀子多种功能：出门的时候可以防身，吃饭的时候可以切肉，吃完饭还可以用刀尖剔牙……黎塞留对餐桌礼仪有着自己的标准，他非常看不惯用餐结束后，人们大张着嘴，露出一口黄牙，用锋利的刀尖剔牙的丑态。为了制止这种做法，他命令自家厨房的用人把家里所有刀子的尖头都磨钝，谁也别想在他的餐桌上露出丑态。

谁也没想到，这种做法很受人们的欢迎。没过多久，这种新式的圆头餐刀就成了法国上流社会时髦的晚餐餐具。

黎塞留死后，1669 年，法国国王路易十四颁布法令，禁止在街上售卖或在餐桌上摆放锋利的尖刀。当然，颁布这条法令的主要目的是遏制街头和家庭暴力。不仅法国的餐刀都成了圆头的钝刀子，这种新式餐刀还传到了其他国家。

虽说钝刀子能切开肉，但还要靠叉子辅助固定。毕竟徒手吃肉会带来很多尴尬的问题，比如，双手沾满肉汁，是用舌头舔掉，还是干脆趁人不注意的时候，抹

圆头刀？这怎么剔牙？

到桌子下面呢？

其实，叉子很早就被发明出来了，只不过一开始它们并不是餐具，而是从火上取肉的工具。餐叉一开始出现在中东和拜占庭帝国的宫廷里。到了11世纪，餐叉开始出现在意大利人的餐桌上，并随着贵族之间的联姻流传到法国。

凯瑟琳·德·美第奇嫁给法国的亨利二世时，从意大利带来了几十把精致的银餐叉。不过，大多数贵族驾驭不了这种又小又精致的餐具。因为那时的叉子和今天我们用的不一样，它是直的，而且只有一齿或者两齿。这意味着当你兴致勃勃地叉起蘸满肉汁的肉块、龙虾，或松软的蛋糕，同时张大嘴“迎候”美食的时候，它们随时可能不争气地掉落，或许还会引来旁人的嘲笑。所

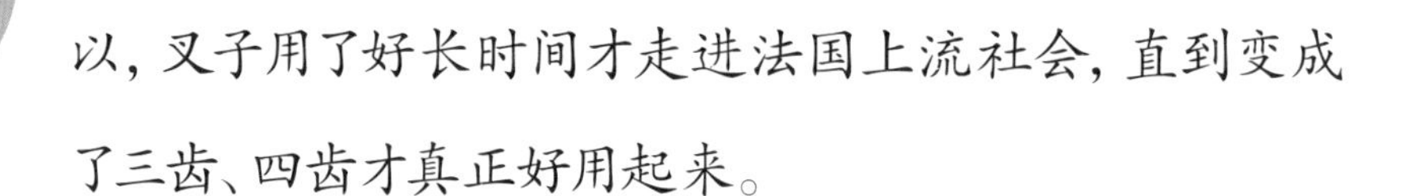

以，叉子用了好长时间才走进法国上流社会，直到变成了三齿、四齿才真正好用起来。

叉子和刀子共同演进，慢慢走进了欧洲的每个家庭，渐渐形成了“左手拿叉，右手拿刀”的西餐礼仪。

回古代赴宴

“噼里啪啦，噼里啪啦”，一阵鞭炮声响起来。

哟，新娘子来了！一桌子人都激动地探身往外看。唉，好烦，一大早被妈妈从被窝儿里拉出来参加婚宴，等了半天，美食也不上桌，我都快饿晕了。真不明白，不就是吃顿饭嘛，大人们为什么都那么激动呢？

以前的人们是怎么赴宴的呢？古代有没有好玩儿的宴会呢？就让我们一起回到古代看看吧！

第一站，我们到 500 多年前的明代看看。那时，民间的红白喜事通常比较简朴。一桌婚宴上的菜肴不能超过六盘，在穷一点儿的地方，宴席上可能只有其中的五盘菜能吃，另一盘“鲤鱼”只能看看。原来，这条鱼是用木头雕的，只是摆摆样子，有时厨子也会往木鱼上浇些卤汁，客人们可以蘸点儿卤汁尝尝。宴会结束，木鱼被洗干净收起来，下回继续用。

婚宴竟然没肉，这也太寒酸了吧！不好玩儿，还是去别处看看吧！

饭好不好吃，主要是看厨子的手艺。据说，1 000年前的宋代厨娘就很会做菜，咱们去尝尝吧。

《江行杂录》中有这样一个故事：一位告老还乡的太守馋极了京师厨娘做的饭，于是费尽心思托人从京城物色了一名厨娘。这厨娘着实有些派头，不仅自备全套“高级”厨具，还带着丫鬟。开始备宴的时候，厨娘并

哎哟，我的牙被硌掉了！怎么是木头鱼？

不动手，而是等到帮手们把原料准备好，一切安排停当，她才缓缓起身上灶。果然，等色香味俱全的肴馔上桌，宾客们吃完后赞不绝口。太守高兴极了，心想这太有面子了！不想第二天，厨娘大大方方地来讨赏，做一顿饭的酬劳是一百匹丝绸，额外还要支付很多银子。太守一听，嚯，厨娘好大的口气，这哪儿用得起？于是没几天就把她打发走了。太守都用不起，可见用得起厨娘的都是富豪呀。不过，厨娘们的派头虽大，但也不是样样都拿手。据说，有位书生娶了一位厨娘为妻，本想着从此以后，萝卜青菜也能变成美味佳肴，结果新婚妻子一上灶就露馅儿了，萝卜青菜依然是那般倒胃口。原来，这位厨娘以前专管切葱，并不会做菜。

那究竟什么样的宴会才更好玩儿呢？国内转够了，

怎么会这
么难吃？
相公，我是
切葱的厨娘。

这回我们到国外看看吧，去3 000多年前的古罗马参加一场宴会，才真叫人大开眼界。

在古罗马，晚宴一般午后就开始了，一顿饭竟然要吃6～8个小时！

不是说晚宴嘛，为什么这么早就开始呢？原来，那时候还没有电灯，所以，人们会把所有的活动都安排在天亮的时候，晚宴早点儿开始，客人们就可以在天黑前赶回家了。因此每到下午，古罗马的店铺就差不多打烊了。人们纷纷从公共浴场里出来，神清气爽地奔赴一天中的最后一个约会——晚宴。

到了举行宴会的主人家门口，主人家的奴隶会端着洗脚水从容地从房间里缓步走出。他们请客人坐好，帮客人脱去鞋袜，用有香味的水给客人洗脚。小朋友一定觉得奇怪，吃个饭为什么还要洗脚？原来呀，古罗马人喜欢脱了鞋躺在床上吃饭。客人们一个挨一个光着脚躺着，谁要是有双臭脚，岂不是很倒胃口？洗脚自然成了吃饭前的头等大事。

洗过脚之后，客人们便由奴隶引到座位上。虽然当时的罗马已经有了勺子之类的餐具，但人们还是更喜欢用手抓着吃，不一会儿手就脏了。几个手持银水罐、臂搭毛巾的奴隶在卧榻周围不停地走动着，不时帮宾客洗手。

在古罗马参加宴会，你可以把吃剩的食物渣滓都扔在地上，什么龙虾壳、贝壳、猪骨头等。在那时候，这可是一种被认可的行为，不会被批评。不仅如此，打饱嗝儿也是被允许的，这简直是对菜肴最真诚的赞

好吃的上个不停，一不小心就吃多了……
怎么全吐了？不好吃吗？

美；当然，放屁也没什么不雅；甚至打个响指，就会有奴隶端上尿壶……宴会进行到一半，主人还会安排猜谜、杂技、歌舞，甚至还有抽奖活动。就这样吃喝玩乐 6～8 个小时，晚宴才算结束，宾客们才心满意足地起身回家。

好了，看了这么多，你想好要参加哪场宴会了吗？

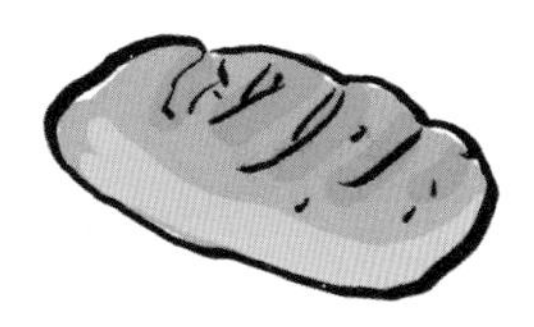

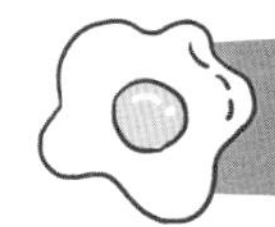

分餐和聚食，你喜欢哪一种？

呀,好吃的糖醋里脊终于上桌了。真想赶快吃一块！可是服务员却端着这盘菜围着桌子绕了一圈，最后摆到了另一边。

小朋友，想必你也遇到过这样的烦恼吧？和亲朋好友聚餐时，眼看着美味佳肴被端上了桌，馋得你口水都要流出来了，急忙伸手去夹菜，可是，胳膊却不够长呀……

这可真是急死人了！为什么吃中餐的时候，人们不是把美味佳肴一人分一份，而是围坐在一起，从同一个

嘘！不许出声。
吧唧吧唧，嗯，好吃！

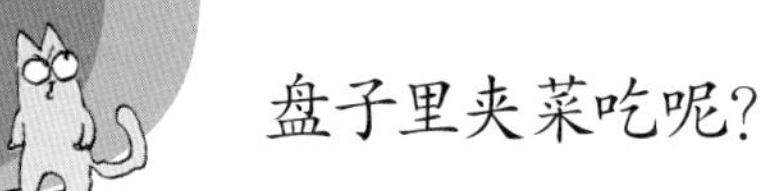

盘子里夹菜吃呢?

其实在很久以前，古人就是采用“一人一案，分而食之”的分餐制。我们常能在古装剧中看到：古人席地而坐，每个人面前都摆放着一张低矮的小食桌，桌上放着碗和杯等小巧的餐具，大而重的食具则直接放在席子外的地上。后来说的“筵席”，正是分餐制的写照。当然，出土的汉墓壁画、画像石和画像砖上也绘有古代分餐制的真实场景。如果你有兴趣，可以到博物馆里找找看。

关于分餐制，有很多有趣的故事流传至今。

比如，我们熟知的“染指”[1]就是一个和分餐有关的典故。相传 2 600 年前，一个叫公子宋的人有特异功能，只要他的食指不自觉地动起来，就准能吃到

①“染指”的故事来源于《左传》，情节有改编。

山珍海味。一天早上，他和公子归生相约一起去拜访郑灵公，走着走着，公子宋的食指忽然动了一下，他便得意地对公子归生说：“看来今天又要有好吃的了！”

不出所料，有人给郑灵公进献了一只鼋(yuán)，郑灵公正要请大家一起分享。两位公子看到这一幕，相视一笑。不明就里的郑灵公感到很奇怪，便询问他二人。公子归生就将路上发生的事情一五一十地讲了一遍，站在一旁的公子宋眉飞色舞。郑灵公见公子宋很没规矩的样子，心里很不喜欢，便想借机奚落一下这位自负的“吃货”。

郑灵公命人将香喷喷的鼋汤分发到各位的食桌上，唯独公子宋没有。满屋子人都吸溜吸溜地喝着汤，公子宋馋得口水都要流出来了。公子归生更气人，自己吃得香也就罢了，还冲着公子宋做鬼脸。这下可好，公子宋再也忍不住了，猛地站起来，走到盛汤的大鼎面前，伸出手指头往汤里蘸了一下，尝了尝味道，然后大摇大摆地走了出去。

那时候的人们把礼仪看得非常重要，公子宋的行为令郑灵公勃然大怒，觉得这是对他极不尊重的表现，扬言要杀了公子宋。结果没想到，公子宋先下手为强，设计杀了郑灵公。一锅汤，就这样酿成了血淋淋的悲剧。

那么，从什么时候开始，我们的祖先才开始在同一张桌子上吃饭的呢？

这还得从那个爱吃“西餐”的汉灵帝说起。他不仅爱吃胡食，还喜欢胡笛、胡舞，更喜欢从西域引进的家

哼，不让我吃美味，我要让你也吃不成！
这人真行！至于这样吗？

具——胡床。在这位时尚达人的引领下，达官贵人也学着用起了高足坐具。到了5—6世纪，进入中原建立政权的少数民族，带来了自己的文化习惯，慢慢地，圆凳、方凳等新式坐具在民间流行开来，到了唐代，高足座椅取代了坐席和食案，席地而坐的习惯就逐渐消失了。

我们从很多传世的古画、壁画中，都能看到这种转变。敦煌473窟的唐代宴饮壁画就绘有9位坐在高足条凳上的男女在凉亭里聚餐，桌子上摆满了大盆小盆的美食，而他们每个人面前只摆放了一套餐具。说明在那时候，人们已经开始围着一张大食桌聚食了，一边品尝美食，一边相互交谈。而到了1 000多年前的北宋，在《清明上河图》中，我们可以看到汴京的餐馆里已经有了大桌高椅，和今天人们的饮食习惯没什么两样了。